现代金属工艺实用实训丛书

现代铣工实用实训

李志军　韩振武　编著

西安电子科技大学出版社

内 容 简 介

　　本书是为高职高专工科类学生学习铣工基本技能而编写的实训教材。本书结合作者多年的教学经验，对传统内容进行了梳理、拓宽。全书共包括七个任务，介绍了铣床和铣刀的基本知识、铣床附件及工件安装、铣削加工的基本知识和基本工作、常用的量具以及铣削加工工艺。

　　本书图文并茂，言简意赅，通俗易懂。本书主要针对高职高专在校生，也可以作为机械加工人员的自学用书。

现代金属工艺实用实训丛书

编委会名单

前　　言

　　本书主要介绍现代铣工常用的工具及工艺，内容包括高职高专学生能用到的各种铣工基本知识和基本操作。

　　铣削加工是切削加工的重要工种之一，它与其他切削加工相比，主要特点是生产效率较高。因为铣削时的进给运动可以是直线运动、回转运动或直线运动与回转运动的组合，所以铣削加工的范围广、内容丰富，且许多加工内容是其他切削加工所不能替代的。对于一些较复杂零件的加工，铣削加工占有较大的比重。因此，铣削加工在机械制造业中占有重要的地位。

　　本书在编写过程中，参考了国内外有关著作和研究成果，在此谨向有关参考资料的作者以及帮助出版的有关人员、单位表示最诚挚的谢意。

　　由于编者水平有限，本书不足之处在所难免，敬请专家和读者朋友批评指正。

编　者

2014 年 11 月

目　　录

任务一 铣床的基本知识

1.1 铣床的型号

机床的型号不只是一个代号，它还能反映出机床的类别、结构特征、性能和主要的技术规程。我国现行的机床型号是按 1994 年颁布的《金属切削机床型号编制方法》(GB/T15375—94)编制而成的。

铣床型号中各代号由汉语拼音字母和阿拉伯数字组成，简单表示方法如图 1-1 所示。

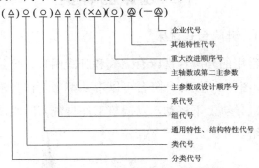

图 1-1　铣床型号表示方法示意图

图 1-1 中：

"○" 表示大写汉语拼音字母；

"△" 表示阿拉伯数字；

"( )" 表示其内容为代号或数字，若无内容则不表示，若有内容则不带括号；

"Ⓐ"表示大写的汉语拼音字母、阿拉伯数字或两者兼有。

铣床主参数用折算系数表示，一般铣床按工作台面宽度的1/10折算，龙门铣床按工作台面宽度的1/100折算。

例如：

XQ6125B：轻型卧式万能铣，B表示顺序号；

X6132：卧式万能铣；

X5032：立式(普通)铣；

XB4326：平面仿形半自动铣床。

1.2 铣床的种类

1. 升降台式铣床

常用的升降台铣床有立式和卧式两种，分别如图1-2和图1-3所示。升降台可以带动整个工作台沿床身的垂直导轨上下移动，以调整工件与铣刀的距离和垂直进给。

图1-2 立式铣床(主轴与 　　图1-3 卧式铣床(主轴与
　　　　工作台平行) 　　　　　　　　工作台垂直)

2．工作台不升降铣床

工作台不升降铣床的结构如图 1-4 所示，其工作台安装在支座上，支座与底座连在一起，工作台只作纵向和横向运动，升降运动由立铣头完成。因此这种铣床的刚性好，承载能力大，适宜高速和强力切削，同时也适宜加工重型工件。

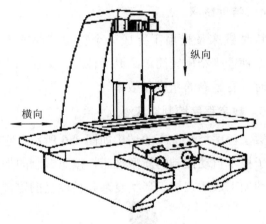

图 1-4　工作台不升降铣床

3．龙门铣床

龙门铣床的结构如图 1-5 所示，它可同时安装四把铣刀，适宜加工大型和重型工件，工作台只作纵向运动，横向和垂直运动由立铣头和龙门架来完成。它是一种大型铣床，生产效率非常高。

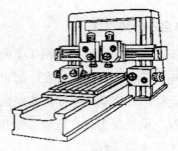

图 1-5 龙门铣床

4. 特种铣床

特种铣床是指用于完成一个特定工序的专用铣床。这种铣床结构较简单，灵活性差，但在加工特定零件时，有较高的精度和效率。

5. 数字程序控制铣床

数字程序控制铣床的结构如图 1-6 所示，它是采用电子技术自动控制的新型铣床，按照编制的加工程序自动加工，适宜加工形状复杂和精度高的零件。

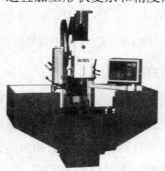

图 1-6　数控铣床 XKJ7825

1.3 铣床的基本组成部件

铣床的类型虽然很多，但各类铣床的基本部件大致相同，都必须具有一套带动铣刀作旋转运动并使工件作直线运动或转动的机构。因此在对某一台典型铣床的操作方法了解和掌握以后，再去操作其他类型的铣床就比较容易了。

1．主轴

主轴是前端带锥孔的空心轴，锥度一般是 7∶24，用来安装刀具。它是铣床的主要部件，要求旋转时平稳，无跳动和刚性好，所以要用优质结构钢来制造，并需经过热处理和精密加工。

2．主轴变速机构

主轴变速机构安装在床身内，作用是将主电动机的额定转速通过齿轮变速，变换成(18 种)不同转速，传递给主轴，以适应铣削的需要。

3．横梁及挂架

横梁安装在床身的顶部，挂架装在其上，主要作用是支撑刀轴外端，增加刀轴的刚性。

4．纵向工作台

纵向工作台有三条 T 型槽，用来安装夹具和工件，作纵向移动。

5．横向工作台

横向工作台在纵向工作台下面，然后由横向工作台带动纵向工作台作横向移动(多功能可回转 ±45°)。

6．升降台

升降机安装在床身前侧的垂直导轨上，中部有丝杠与底座螺母相连接，主要作用是支持工作台并带动其作上下移动。进给变速机构、操纵机构等都安装在升降台上，因此升降台的刚性和精度要求都很高，否则铣削中会产生很大的振动，影响加工质量。

7．进给变速机构

进给变速机构安装在升降台内，作用是将进给电动机的额定转速通过齿轮变速传递给进给机构，实现工作台不同的移动速度，以适应铣削要求。

8．底座

底座是整部机床的支承部件，具有足够的刚性和强度，升降丝杠的螺母也安装在底座上，其内腔盛装切削液。

9．床身

床身是机床的主体，用来安装和连接其他部件，其刚性、强度和精度对铣削效率和加工质量影响很大，因此一般用优质灰铸铁铸成。它的内壁有肋条，以增加其刚性和强度。其上的导轨和轴承孔是重要部位，须经精密加工和时效处理，以保证精度和耐用度。

1.4 铣床的保养

铣床是高精度的金属机械加工设备，必须合理地使用和维护保养，才能保持其精度。保养分日常保养、一级保养和二级保养。

1．日常保养

(1) 保持铣床润滑，每班要按要求加油、注油，并注意观察油窗是否出油，油标是否达标线位置，根据说明书要求定期加油和换油，使运动部分保持润滑。

(2) 启动前要将导轨、工作台丝杠等外露部分擦干净并上油，工作中杂物不放在其上面，工作后清除铁屑、杂物并上油。

(3) 发现异常现象和声响时，应及时停车排除障碍。

(4) 合理使用机床，包括操作方法、铣削用量、刀具、辅具、负荷、行程等。

2．一级保养

一级保养是指铣床运转 500 小时以后进行的保养，以操作者为主，以专业维护人员为辅。保养时间为 6～8 小时，内容包括：

(1) 外保养：各个部位清洗、上油。

(2) 转动部分保养：导轨、丝杠的保养以及离合器摩擦片间隙、三角带松紧等的调整。

(3) 冷却系统：过滤网的清洗，冷却液的更换。

(4) 润滑部分：油路、毡垫、油泵等的检查和清洗维修。

(5) 电器的维护和保养。

3．二级保养

二级保养是指铣床运转 1500 小时以后进行的保养，作业时间为 24 小时，以专业维护人员为主，以操作人员为辅。

维修内容同一级保养，但在力度上加大、加深，并更换全部润滑油。

1.5　铣床操作练习专训

1．铣床各手柄操纵练习

(1) 在教师指导下熟悉各手柄的名称及作用，给机床注油润滑。

(2) 熟悉各个进给方向刻度盘，做手动进给练习，要求速度均匀。

(3) 使工作台在纵向、横向、垂直方向分别移动 5 mm。

(4) 用手摇动工作台各方向手柄，做进退移动练习，学会消除工作台丝杠和螺母间的传动间隙对移动尺寸的影响。

2．铣床空运转及试切削

(1) 将电源开关转至"通"的位置。

(2) 练习变换主轴转速 1～3 次(控制在低速)。

(3) 按"启动"按钮，使主轴旋转 3～5 分钟，检查油窗是否甩油。

(4) 停止主轴旋转，重复以上练习。

(5) 检查各进给方向锁紧手柄是否松开。

(6) 检查各进给方向机动进给停止挡铁是否在限位柱范围内。

(7) 使工作台处于各进给方向的中间位置。

(8) 按主轴"启动"按钮，使主轴旋转。

(9) 练习变换进给速度(控制在低速)。

(10) 使工作台作机动进给，先纵向，后横向，再垂直方向，不能两个方向同时做机动进给。

(11) 检查进给变速箱油窗是否甩油。

(12) 先停止工作台进给，再停止主轴旋转。

(13) 在教师指导下进行试切削。

思 考 题

1．铣床的精度主要表现在哪几个部位？

2．为什么机床主轴旋转中不能变换主轴转速？

3．为什么不能用口去吹铁屑？

4．型号 MGB1432Ax750 表示何种机床？具备什么功能特性？

5．型号为 XA5032 和 X5032A 的两台铣床有何差异？

任务二　铣刀的基本知识

2.1　铣刀材料的种类及牌号

1. 铣刀切削部分材料的基本要求

(1) 高硬度和耐磨性：在常温下，切削部分材料必须具备足够的硬度才能切入工件。具有高耐磨性，刀具才耐磨损，才能延长使用寿命。

(2) 耐热性好：刀具在切削过程中会产生大量的热量，尤其是在切削速度较高时，温度会很高，因此刀具材料应具备好的耐热性，即在高温下仍能保持较高的硬度，能继续进行切削。这种具有高温硬度的性质又称为热硬性或红硬性。

(3) 强度高和韧性好：在切削过程中，刀具要承受很大的冲击力，所以刀具材料要具有较高的强度，否则易断裂和损坏。由于铣刀会受到冲击和振动，因此铣刀材料还应具备好的韧性，才不易崩刃、碎裂。

2. 铣刀常用材料

(1) 高速工具钢(简称高速钢、锋钢等)，分通用高速钢和特殊用途高速钢两种。高速工具钢具有以下特点：

① 合金元素钨、铬、钼、钒的含量较高，淬火硬度可达 HRC62～70。在 600℃高温下，依然能保持

较高的硬度。

② 刃口强度和韧性好，抗振性强，能用于制造切削速度一般的刀具。对于钢性较差的机床，采用高速钢铣刀，仍能顺利切削。

③ 工艺性能好，锻造、加工和刃磨都比较容易，还可以制造形状较复杂的刀具。

④ 与硬质合金材料相比，依然有硬度较低、红硬性和耐磨性较差等缺点。

(2) 硬质合金：硬质合金是金属碳化物如碳化钨、碳化钛等和以钴为主的金属粘结剂经粉末冶金工艺制造而成的，其主要特点如下：

① 耐高温，在 $800 \sim 1000\,^\circ\text{C}$ 仍能保持良好的切削性能，切削时可选用比高速钢高 $4 \sim 8$ 倍的切削速度。

② 常温硬度高，耐磨性好。

③ 抗弯强度低，冲击韧性差，刀刃不宜磨得很锋利。

常用的硬质合金一般可以分为三大类：

① 钨钴类硬质合金(YG)。常用牌号有 YG3、YG6、YG8，其中数字表示含钴量的百分率。含钴量愈多，韧性愈好，愈耐冲击和振动，但会降低硬度和耐磨性。因此，该类合金制成的刀具适用于切削铸铁及有色金属，还可以用来切削冲击性大的毛坯与经淬火的钢件与不锈钢件。

② 钛钴类硬质合金(YT)。常用牌号有 YT5、

YT15、YT30，其中数字表示碳化钛的百分率。硬质合金含碳化钛以后，能提高钢的粘结温度，减小摩擦系数，并能使硬度和耐磨性略有提高，但降低了抗弯强度和韧性，使性质变脆，因此该类合金制成的刀具适合切削钢类零件。

③ 通用硬质合金。在上述两种硬质合金中加入适量的稀有金属碳化物，如碳化钽和碳化铌等，使其晶粒细化，提高其常温硬度和高温硬度、耐磨性、粘结温度和抗氧化性，能使合金的韧性有所增加。因此，这类硬质合金刀具有较好的综合切削性能和通用性，其牌号有 YW1、YW2 和 YA6 等，由于其价格较贵，因此主要用于加工难加工材料，如高强度钢、耐热钢、不锈钢等。

2.2 铣刀及其安装

铣刀的分类方法很多，根据铣刀安装方法的不同可分为两大类：带孔铣刀和带柄铣刀。

1. 带孔铣刀及其安装

带孔铣刀如图 2-1 所示，多用于卧式铣床。其中，圆柱铣刀(见图 2-1(a))主要用其周刃铣削中小型平面；三面刃铣刀(见图 2-1(b))用于铣削小台阶面、直槽和四方或六方螺钉小侧面；锯片铣刀(见图 2-1(c))用于铣削窄缝或切断；盘状模数铣刀(见图 2-1(d))属于成形铣刀，用于铣削齿轮的齿形槽；角度铣刀(见图 2-1(e)、(f))属于成形铣刀，用于加工各种角度槽和斜面；半圆弧铣刀(见图 2-1(g)、(h))属于成形铣刀，用于铣削内凹和外凸圆弧表面。

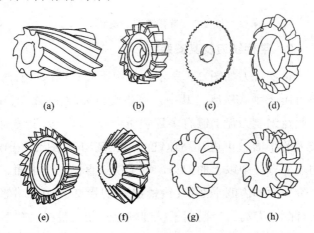

(a) 圆柱铣刀；(b) 三面刃铣刀；(c) 锯片铣刀；(d) 盘状模数铣刀；

(e) 单角铣刀；(f) 双角铣刀；(g) 半圆弧铣刀；(h) 圆弧铣刀

图 2-1　带孔铣刀

　　带孔铣刀多用长刀轴安装，如图 2-2 所示。安装时，铣刀应尽可能靠近主轴或吊架，使铣刀有足够的刚度，套筒与铣刀的端面均要擦净，以减小铣刀的端面跳动。在拧紧刀轴压紧螺母之前，必须先装好吊架，以防刀轴弯曲变形。拉杆的作用是拉紧刀轴，使之与主轴锥孔紧密配合。

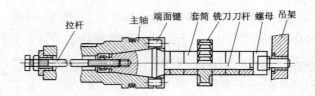

图 2-2 带孔铣刀的安装

2．带柄铣刀及其安装

带柄铣刀如图 2-3 所示，多用于立式铣床，有时亦可用于卧式铣床。其中，镶齿端铣刀(见图 2-3(a))一般在钢制刀盘上镶有多片硬质合金刀齿，用于铣削较大的平面，可进行高速铣削；立铣刀(见图 2-3(b))的端部有三个以上的刀刃，用于铣削直槽、小平面、台阶平面和内凹平面等；键槽铣刀(见图 2-3(c))的端部只有两个刀刃，专门用于铣削轴上封闭式键槽；T 型槽铣刀(见图 2-3(d))和燕尾槽铣刀(见图 2-3(e))分别用于铣削 T 型槽和燕尾槽。

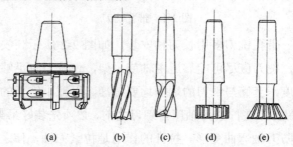

(a)　　　(b)　　　(c)　　　(d)　　　(e)

(a) 镶齿端铣刀；(b) 立铣刀；(c) 键槽铣刀；

(d) T 型槽铣刀；(e) 燕尾槽铣刀

图 2-3　带柄铣刀

带柄铣刀又有锥柄和直柄之分。安装方法如图 2-4 所示。图 2-4(a)为锥柄铣刀的安装，根据铣刀锥柄尺寸，选择合适的变锥套，将各配合表面擦净，然后用拉杆将铣刀和变锥套一起拉紧在主轴锥孔内。图 2-4(b)为直柄铣刀的安装，这类铣刀直径一般不大于 20 mm，多用弹簧夹头安装。铣刀的柱柄插入弹簧套孔内，由于弹簧套上面有三个开口，因而用螺母压弹簧套的端面，致使外锥面受压面孔径缩小，从而将铣刀抱紧。弹簧套有多种孔径，以适应不同尺寸的直柄铣刀。

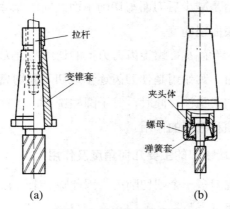

(a)　　　　　　　　　(b)

图 2-4　带柄铣刀的安装

2.3　铣刀的主要几何参数及作用

1. 铣刀的各部分名称

(1) 基面：通过切削刃上任意一点并与该点切削

速度垂直的平面。

(2) 切削平面：通过切削刃并与基面垂直的平面。

(3) 前刀面：切屑流出的平面。

(4) 后刀面：与加工表面相对的面。

2．圆柱铣刀的主要几何角度及作用

(1) 前角 γ_0：前刀面与基面之间的夹角。其作用是使刀刃锋利，切削时金属变形减小，切屑容易排出，从而使切削省力。

(2) 后角 α_0：后刀面与切削平面之间的夹角。其主要作用是减少后刀面与切削平面之间的摩擦，减小工件的表面粗糙度。

(3) 旋角 β_0：螺旋齿刀刃上的切线与铣刀轴线之间的夹角。其作用是使刀齿逐步地切入和切离工件，提高切削平稳性。同时，对于圆柱铣刀，还有使切屑从端面顺利流出的作用。

3．端铣刀的主要几何角度及作用

端铣刀多一个副切削刃，因此除了前、后角外，还有下面三个角：

(1) 主偏角 κ_r：主切削刃与已加工表面的夹角。其变化影响主切削刃参加切削的长度，改变切屑的宽度和厚度。

(2) 副偏角 κ_r'：副切削刃与已加工表面的夹角。

其作用是减少副切削刃和已加工表面的摩擦，并影响副切削刃对已加工表面的修光作用。

(3) 刃倾角 λ_s：主切削刃与基面之间的夹角。主要起到斜刃切割的作用。

任务三　铣床附件及工件安装

铣床的主要附件有平口钳、万能铣头、回转工作台和分度头等。下面我们分别来了解一下。

3.1　平　口　钳

平口钳是一种通用夹具，经常用其安装小型工件。使用时先把平口钳钳口找正，并固定在工作台上，然后再进行安装工件。常用的按划线找正安装工件的方法如图 3-1(a)所示。

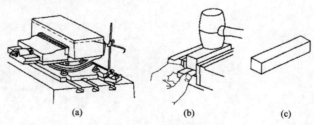

(a)　　　　　　　(b)　　　　　　　(c)

图 3-1　用平口钳安装工件

(a) 按划线找正安装；(b) 用垫铁垫高工件；(c) 平行垫铁

用平口钳安装工件注意事项如下：

(1) 工件被加工面必须高出钳口，否则要用平行垫铁垫高工件(见图 3-1(b)、(c))。

(2) 为了安装牢固，防止铣削时工件松动，必须把比较平整的平面紧贴在垫铁和钳口上。为使工件紧贴垫铁，应一面夹紧，一面用手锤轻击工件的上平面（见图 3-1(b)）。注意，光洁的上平面要用铜棒进行敲击，防止敲伤光洁表面。

(3) 为了保护钳口和工件已加工的表面，通常在安装工件时需要在钳口处垫上铜皮。

(4) 用手挪动垫铁检查贴紧程度，如有松动，说明工件与垫铁之间贴合不好，应松开平口钳重新夹紧。

(5) 对于刚度不足的工件，安装时应增加支撑，以免夹紧力使工件变形。框形工件的安装如图 3-2 所示。

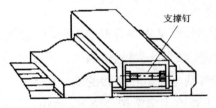

图 3-2　框形工件的安装

3.2　万能铣头

在卧式铣床上安装万能铣头，其主轴可以扳转成任意角度，能完成各种立铣的工作。万能铣头的外形如图 3-3(a)所示。其底座用螺栓固定在铣床的垂直导轨上。铣床主轴的运动通过铣头内的两对锥齿轮传到铣头主轴上。铣头的大本体可绕铣床主轴轴线偏转任意角度，如图 3-3(b)所示。装有铣头主轴的小本体还能在大本体上偏转任意角度，如图 3-3(c)所示。因此，万能铣头的主轴可在空间偏转成任意所需的角度。

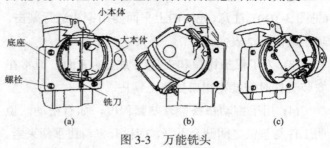

图 3-3　万能铣头

3.3　回转工作台

回转工作台又称为圆形工作台、转盘等,如图 3-4 所示。它的内部有一对蜗轮蜗杆。摇动手轮,通过蜗杆轴直接带动与转台相连接的蜗轮转动。转台周围有刻度,用于观察和确定转台位置,也可进行分度工作。拧紧固定螺钉,固定转台。当底座上的槽和铣床工作台上的 T 型槽对齐后,即可用螺栓把回转工作台固定在铣床工作台上。

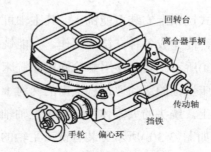

图 3-4　回转工作台

铣圆弧槽时，工件用平口钳或三爪自定心卡盘安装在回转工作台上，安装工件时必须通过找正使工件上圆弧槽的中心与回转工作台的中心重合。铣削时，铣刀旋转，用手(或机动)均匀缓慢地转动回转工作台，即可在工件上铣出圆弧槽。

3.4 分 度 头

在铣削加工中，常会遇到铣六方、齿轮、花键和刻线等工作。这时，工件每铣过一面或一个槽之后，需要转过一个角度，再铣削第二面或第二个槽，这种工作叫做分度。分度头是分度用的附件，其中，万能分度头最为常见。万能分度头如图 3-5 所示。根据加工的需要，万能分度头可以在水平、垂直和倾斜位置工作。

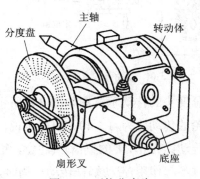

图 3-5 万能分度头

1. 万能分度头的结构

万能分度头的底座上装有回转体，分度头的主轴可随回转体在垂直平面内扳转。主轴的前端常装有三爪自定心卡盘或顶尖。分度时，摇动分度手柄，通过蜗杆、蜗轮带动分度头主轴旋转进行分度，如图 3-6 所示。

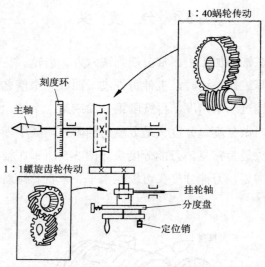

图 3-6　万能分度头传动示意图

万能分度头的传动示意图如图 3-6 所示。其中，蜗杆与蜗轮的传动比为 1：40。也就是说，分度手柄通过一对传动比为 1：1 的直齿轮(注意，图中一对螺旋齿轮此时不起作用)带动蜗杆转动一周时，蜗轮只带动主轴转过 1/40 圈。若已知工件在整个圆周上的等分

数目为 z，则每分一个等分要求分度头主轴转过 $1/z$ 圈。这时，分度头手柄所要转的圈数 n 即可由下列比例关系推得：

$$1 : 40 = \frac{1}{z} : n$$

即

$$n = \frac{40}{z}$$

式中：n——手柄转数；

　　　　z——工件等分数；

　　　　40——分度头定数。

2．分度方法

使用分度头进行分度的方法很多，有直接分度法、简单分度法、角度分度法等。这里仅介绍最常用的简单分度法。

公式 $n = 40/z$ 所表示的方法即为简单分度法。例如，铣齿数 $z = 36$ 的齿轮，每次分齿时手柄转数为

$$n = \frac{40}{z} = \frac{40}{36} = 1\frac{1}{9}$$

也就是说，每分一齿，手柄需转过一整圈再多摇过 1/9 圈。这 1/9 圈一般通过分度盘来控制，分度盘如图 3-7 所示。国产分度头一般备有两块分度盘。分度盘的正、反两面各钻有许多圈盲孔，各圈孔数均不相等，而同一孔圈上的孔距是相等的。

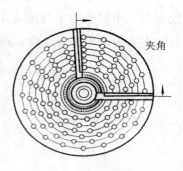

图 3-7　分度盘

第一块分度盘正面各圈孔数依次为 24，25，28，30，34，37；反面各圈孔数依次为 38，39，41，42，43。

第二块分度盘正面各圈孔数依次为 46，47，49，51，53，54；反面各圈孔数依次为 57，58，59，62，66。

简单分度法需将分度盘固定，再将分度手柄上的定位销调整到孔数为 9 的倍数的孔圈上，即在孔数为 54 的孔圈上。此时手柄转过 1 周后，再沿孔数为 54 的孔圈转过 6 个孔距（$n = \dfrac{40}{z} = 1\dfrac{1}{9} = 1\dfrac{6}{54}$）。

为了确保手柄转过的孔距数可靠，可调整分度盘上扇股（又称扇形夹）间的夹角，如图 3-7 所示，使之正好等于 6 个孔距，这样依次进行，分度就可以准确无误。

3. 铣分度件

铣分度件如图 3-8 所示。其中，图 3-8(a) 为铣削六方螺钉头的小侧面，图 3-8(b) 为铣削圆柱直齿轮。

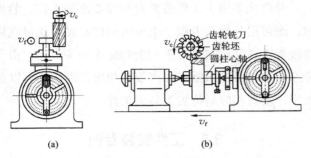

图 3-8 铣分度件

3.5 工件的安装

工件在铣床上常采用机床用平口钳、压板螺栓和分度头等附件进行安装，如图 3-9 所示。

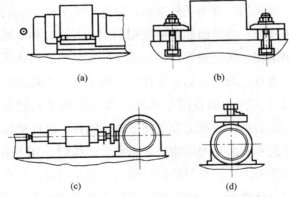

(a) 机床用平口钳安装工件；(b) 压板螺栓安装工件；
(c) 分度头水平位置安装工件；(d) 分度头垂直位置安装工件

图 3-9　工件在铣床上常用的装夹方法

分度头多用于工件装夹有分度要求的工件。装夹时，既可用分度头卡盘，也可用圆柱心轴，还可直接将轴类工件装夹在分度头顶尖与尾座顶尖之间。由于分度头主轴可在铅垂平面内扳转角度，因而它可以在水平、垂直和倾斜位置上装夹工件。

3.6　工件安装专训

(1) 练习在机用平口钳上安装工件。

(2) 要求。

在装夹工件时，一定应将工件紧密贴合平行垫铁，可用木榔头(或紫铜棒)敲紧工件，使得平行垫铁在工件之下不能被推动摇摆。

装夹的工件为毛坯面时，应选一个大而平整的面作粗基准，将此面靠在固定钳口上，在钳口和毛坯之间垫铜皮，防止损伤钳口。零件的安装高度以铣不到钳口为宜。装夹已加工零件时，应选择一个较大的平面或以工件的槽背面作基准，将基准面靠紧固定钳口，在活动钳口和工件之间放置一圆棒，这样能保证工件的基准面与固定钳口紧密贴合，如图 3-10 所示。当工件与固定钳身导轨接触面为已加工面时，应在固定钳身导轨面和工件之间垫平行垫铁，夹紧工件后，用铜锤轻击工件上面，如果平行垫铁不松动，则说明工件与固定钳身导轨面贴合良好，如图 3-11 所示。选择平行垫铁的尺寸要适当，用铜锤敲击工件及夹紧时用力也要适当。

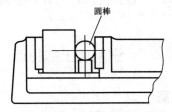

图 3-10　用圆棒夹持工件

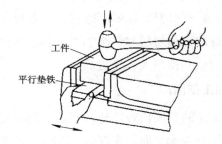

图 3-11　用平行垫铁装夹工件

任务四 铣削加工的基本知识

4.1 铣削加工的特点

1. 效率高

由于铣刀是多刃的，因此相对而言，单位时间内铣削量(即切下的切屑)较多。特别是随着科学技术的发展，先进的刀具材料和铣削加工设备不断地被制造出来，铣削效率得到大幅度提高。

2. 加工范围广

铣削加工的范围比较广泛，可加工平面(按加工时所处位置又分为水平面、垂直面、斜面)、台阶面、沟槽(包括键槽、直角槽、角度槽、燕尾槽、T型槽、圆弧槽、螺旋槽)和成形面等。此外，还可进行孔加工(钻孔、扩孔、铰孔、锪孔)和分度工作。图4-1为铣床加工零件的部分实例。

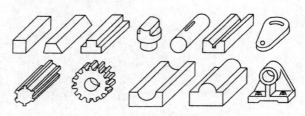

图4-1 铣床加工零件举例

3. 加工精度高

加工精度为 IT8～IT9，表面粗糙度 R_a 为 12.5～1.6 μm。必要时加工精度可达 IT5，R_a 为 0.2 μm。

4. 振动与噪音较大

由于铣刀是多刃刀具，在铣削加工中属不连续切削，会产生一定的冲击和振动，因此噪音较大。

4.2 顺铣和逆铣

1. 顺铣

顺铣如图 4-2 所示。

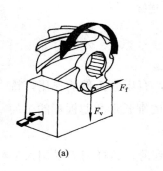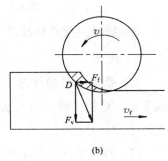

(a)   (b)

图 4-2　顺铣

顺铣是指铣刀的切削速度方向与工件的进给方向相同时的铣削，即当铣刀各刀齿作用在工件上的合力 F 在进给方向的水平分力 F_f 与工件的进给方向相同时的铣削方式。

2. 逆铣

如图 4-3 所示，逆铣是指铣刀的切削速度方向与工件的进给方向相反时的铣削，即当铣刀各刀齿作用在工件上的合力 F 在进给方向的水平分力 F_f 与工件的进给方向相反时的铣削方式。

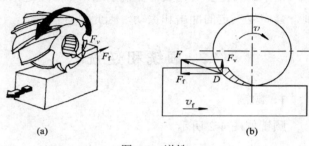

(a)　　　　　　　　　　(b)

图 4-3　逆铣

3. 顺铣的优点和缺点

1) 优点

(1) 垂直分量始终向下，有压紧工件的作用，铣削平稳，对加工时不易夹紧的细长形和薄板形的工件更为适宜。

(2) 刀刃切入工件从厚到薄，这样刀刃易切入工件，对工件的挤压摩擦小，故刀刃耐用度高，加工出的工件表面质量高。

(3) 顺铣时消耗在进给方向的功率较小(约占全功率的6%)。

2) 缺点

(1) 刀刃从外表面切入，有硬皮或杂质时，刀具易损坏。

(2) 由于进给方向与水平分力 F_f 方向相同，因此当 F_f 较大时，会拉动工作台，使每齿进给量突然增大，刀齿折断或刀轴折弯，造成工件报废或机床损坏。

4. 逆铣的优点和缺点

1) 优点

(1) 当铣刀中心进入工件端面后，刀刃不再从工件的外表面切入，故加工表面有硬皮的毛坯件时，对刀刃影响不大。

(2) 水平分力 F_f 与进给方向相反，不会拉动工作台。

2) 缺点

(1) 垂直分力 F_v 变化较大，在开始切削时 F_v 是向上的，有跳出工件的倾向，因此，工件须夹持牢固。当铣刀中心进入工件后，刀刃开始切入工件时铣削层厚度接近于零，由于刀刃开始切入弧，因此要滑动一小段距离后才能切入，此时的 F_v 是向下的，当刀刃切入工件后，F_v 就向上，所以铣刀和工件会产生周期性的振动，影响加工表面的粗糙度。

(2) 由于刀刃切入工件时要滑移一小段距离，故刀刃易磨损，并使已加工表面受到冷挤压和摩擦，影响其表面质量。

(3) 逆铣时消耗在进给运动方面的功率较大(约占全功率的20%)。

5．端铣时的顺铣、逆铣

1）对称铣削

如图 4-4 所示，工件处在铣刀中间时的铣削称为对称铣削。铣削时，刀齿在工件的前半部分为逆铣，后半部分为顺铣。由于 F_f 在方向上的交替变化，因此工件和工作台易产生窜动。另外，在纵向的分力 F_v 较大，易导致窄长的工件变形和弯曲，所以，对称铣削只有在工件较宽时采用。

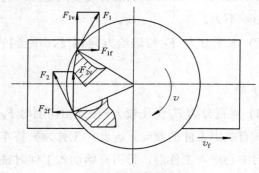

图 4-4　对称铣削

2）非对称铣削

工件的铣削层宽度偏在铣刀一边时的铣削，称为非对称铣削。图 4-5(a) 为非对称铣削时的逆铣，图 4-5(b) 为非对称铣削时的顺铣。

(1) 逆铣部分占的比例大时，不会拉动工作台，从薄处切入，冲击小，振动小。又因为垂直分力与铣削方式无关，故端铣时，应采用非对称铣削。

(2) 顺铣部分占的比例大时，易拉动工作台，垂直分力又不因顺铣而向下，因此，端铣时，一般不采用非对称顺铣。

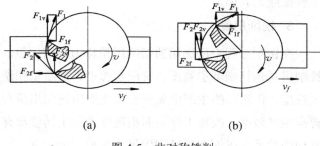

(a)　　　　　　　　(b)

图 4-5　非对称铣削

4.3　铣削用量及选择

1. 铣削基本运动

主运动：由机床提供的主要运动，是指直接切除工件上的待切削层，使之转变为切削的主要运动，它同时也是铣削运动中速度最高、消耗功率最大的运动(在铣削运动中，铣刀的旋转运动为主运动)。

进给运动：也是由机床提供的运动，是指不断地把待切削层投入切削，以逐渐切出整个工件的运动，它分为吃刀运动和走刀运动。

2. 铣削产生的表面

铣削过程中会产生三个表面：

(1) 待加工表面：在铣削加工中即将被加工的表面。

(2) 已加工表面：经过铣削形成的表面。

(3) 加工表面：正在加工的表面，也就是刀刃与工件接触的表面。

3. 铣削用量

在铣削过程中所选用的切削用量称为铣削用量。铣削用量包括铣削层宽度、铣削层深度、进给量和铣削速度。在实际的生产中如何合理地选用铣削用量与提高生产效率、改善工件表面粗糙度和加工精度都有密切的关系。下面介绍铣削用量中各要素的定义。

侧吃刀量：指垂直于铣刀轴线测量的被切削层尺寸，用符号 a_e 表示，单位为 mm。

背吃刀量：指平行于铣刀轴线测量的被切削层尺寸，用符号 a_p 表示，单位为 mm。

进给量：

(1) 每齿进给量：在铣刀转过一个齿(即后一个齿转到前一刀齿的位置)的时间内，工件沿进给方向移动的距离，用符号 a_f 表示，单位为 mm/z。

(2) 每转进给量：在铣刀转过一转的时间内，工件沿进给方向所移动的距离，用符号 f 表示，单位为 mm/r。

(3) 每分钟进给量：在 1 分钟时间内，工件沿进给方向所移动的距离，用符号 V_f 表示，单位为 mm/min。

铣削速度：主运动的线速度，叫作铣削速度，也就是铣刀刀刃上离旋转中心最远的一点在单位时间内所转过的长度，用符号 V 表示，单位为 m/min。铣削速度的计算式为

$$V = \frac{\pi D n}{1000}$$

其中，D 为铣刀直径(mm)；n 为铣刀转速(r/min)。

从上式中可以看出，直径、转速和铣削速度成正比，也就是 D、n 越大，V 也越大。

在实际加工中，对刀具耐用度影响最大的是铣削速度，而不是转速。因此，我们往往是根据刀具和被加工工件的材料等因素先选好合适的铣削速度，然后再根据铣刀直径和铣削速度来计算并选择合适的转速。

转换公式如下：

$$n = \frac{1000V}{\pi D}$$

从以上公式中可以看出，转速 n 与铣削速度 V 成正比，与铣刀直径 D 成反比。

4. 铣削用量的选择

铣削用量的选择顺序是：首先选择较大的铣削宽度和铣削层深度，再选择较大的每齿进给量，最后选定铣削速度。

(1) 背吃刀量 a_p(铣削层深度)和侧吃刀量 a_e(铣削

层宽度)的选择。a_p 主要根据工件的加工余量和加工表面的精度来确定，当加工余量不大时，应尽量一次铣完，只有当工件的加工精度要求较高或表面粗糙度小于 $R_a 6.3\ \mu m$ 时，才分粗、精铣两次进给。

a_p 的选择如表 4-1 所示。

表 4-1　a_p 的选择

mm

工件材料	高速钢刀具		硬质合金刀具	
	粗铣	精铣	粗铣	精铣
铸铁	2~5	0.5~1	10~18	1~2
软钢	<5	0.5~1	<12	1~2
中碳钢	<4	0.5~1	<7	1~2
碳钢	<3	0.5~1	<4	1~2

(2) 每齿进给量的选择。粗铣时，限制进给量提高的主要因素是切削进给量，主要根据铣床进给机构的强度、刀轴尺寸、刀齿强度以及机床夹具等工艺系统的刚性来确定。在强度、刚度许可的条件下，进给量应尽量取的大些。

精铣时，限制进给量提高的主要因素是表面粗糙度。为了减少工艺系统的弹性变形，减少已加工表面的残留面积高度，一般采取较小的进给量。

每齿进给量的推荐值如表 4-2 所示。

表 4-2　每齿进给量推荐值

工件材料	硬度/HB	硬质合金/mm	高速钢/mm
低碳钢	<200	0.15～0.4	0.1～0.3
中高碳钢	120～300	0.07～0.5	0.05～0.25
灰铸铁	150～300	0.15～0.5	0.03～0.3

思 考 题

1. 为什么普通铣床一般不采用顺铣加工？

2. 数控铣床与普通铣床在结构上有哪些不同？数控铣床一般采用什么方法加工？

3. 铣削用量的选择顺序是怎样的？要考虑哪些因素？

4. 分析铣槽时刀具对工作台的作用力方向。

任务五 铣削加工的基本工作

铣床的工作范围很广，常见的铣削工作有铣平面、铣斜面、铣沟槽、铣成形面、钻镗孔及铣螺旋槽等。

5.1 铣床安全操作规程

1. 开车前

(1) 擦去导轨面灰尘后，往各滑动面及油孔加油。

(2) 检查各手柄位置。

(3) 工件刀具要卡紧。

(4) 工作台上不准放置工件、量具及多余的毛坯。

2. 开车后

(1) 禁止开车时变速或做其他调整工作。

(2) 禁止用手摸铣刀及其他旋转部件。

(3) 禁止测量尺寸。

(4) 精神要集中，走自动时不准离开机床，并应站在合适的位置。

(5) 发现异常现象要立即停车。

3. 下班前

(1) 擦净机床，放好工具，整好工件，清扫场地。

(2) 机床各手柄应回到停止位置，将工作台摇到适当位置。

(3) 拉掉电闸。

(4) 若发生事故应立即切断电源，保护现场，及时向有关人员报告事故情况。

5.2 铣 平 面

铣平面可在卧铣或立铣上进行，如图 5-1 所示。其中，图 5-1(a)为镶齿端铣刀在立铣上铣水平面；图 5-1(b)为镶齿端铣刀在卧铣上铣垂直面；图 5-1(c)为立铣刀在立铣内凹平面；图 5-1(d)为圆柱铣刀在卧铣上铣平面；图 5-1(e)为立铣刀在立铣上铣台阶平面；图 5-1(f)为三面刃铣刀在卧铣上铣台阶平面。

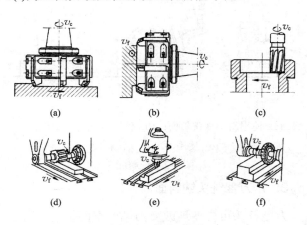

(a)   (b)   (c)

(d)   (e)   (f)

图 5-1　铣水平面

5.3 铣 斜 面

有斜面的工件很常见，铣削斜面的方法很多，常用的方法有以下 3 种。

1．使用倾斜垫铁铣斜面

在零件基准的下面垫一块倾斜的垫铁，则铣出的平面与基准面倾斜。改变倾斜垫铁的角度，即可加工出不同角度的斜面，如图 5-2(a)所示。

2．利用分度头铣斜面

在一些适宜用卡盘装夹的工件上加工斜面时，可利用分度头装夹工件，将其主轴扳转一定角度后即可铣出所需斜面，如图 5-2(b)所示。

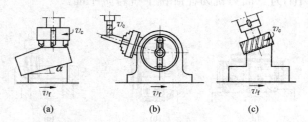

(a) 使用斜垫铁铣斜面；(b) 使用分度头铣斜面；

(c) 使用万能铣头铣斜面

图 5-2　铣斜面

3．用万能铣头铣斜面

万能铣头可方便地改变刀轴的空间位置，通过扳转铣头使刀具相对工件倾斜一个角度，便可铣出所需的斜面，如图 5-2(c)所示。

当加工零件批量较大时，常采用专用夹具铣斜面。

5.4 铣 沟 槽

铣床能加工沟槽的种类很多，如直角槽、键槽、角度槽、燕尾槽、T 型槽、圆弧槽和螺旋槽等，如图 5-3 所示。这里着重介绍铣键槽和圆弧槽的方法。

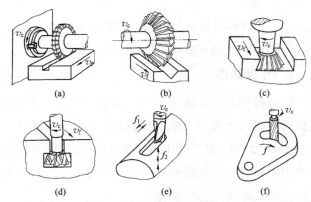

(a) 三面刃铣刀铣直角槽；(b) 角度铣刀铣 V 型槽；
(c) 燕尾槽铣刀铣燕尾槽；(d) T 型槽铣刀铣 T 型槽；
(e) 键槽铣刀铣键槽；(f) 立铣刀铣圆弧槽

图 5-3 铣沟槽

1. 铣键槽

封闭式键槽，单件生产一般在立铣上加工，用机用平口钳装夹工件，如图 5-4(a)所示。由于平口钳不能自动对中，故工件需要找正。当批量较大时，一般在键槽铣床上加工，工件多采用轴用虎钳装夹，如图 5-4(b)所示。轴用虎钳的优点是自动对中，工件不需要找正。

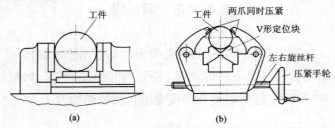

图 5-4　铣轴上键槽工件的装夹方法

(a) 机床用平口虎钳装夹工件；(b) 轴用虎钳装夹工件

2．铣圆弧槽

　　铣圆弧槽要用铣床附件——圆形工件台。工件用压板螺栓直接或通过三爪卡盘安装在圆形工作台上。安装工件时必须使工件上圆弧槽的中心与圆形工件台的中心重合。摇动圆形工作台手轮带动工件作圆周进给运动，即可铣出圆弧槽。

5.5　铣削加工专训

1．垫铁制作

　　(1) 零件图，如图 5-5 所示。

　　(2) 工具、设备和材料：铣刀、平口钳、铣床、各种量具、45#钢等。

　　(3) 训练方法。

① 讲解示范。

a. 铣床型号；b. 铣床的基本操作方法；c. 工件的加工工艺及加工方法。

② 学生操作，教师巡回指导。

a. 工件的安装及校正；b. 切削用量及选择；c. 工件的加工测量。

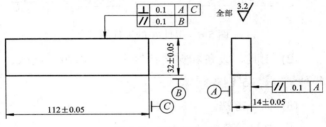

图 5-5　垫铁零件图

(4) 考核标准：百分制，学生制作工件占 60%，综合素质占 30%，实训报告占 10%。如表 5-1 所示。

表 5-1　考　核　标　准

工件考核项目	评分内容	评分标准	配分	评分内容	评分标准	配分
主要项目	112±0.05	超差 0.01 扣 1 分	20	32±0.05	超差 0.01 扣 1 分	20
	14±0.05	超差 0.01 扣 1 分	20			
一般项目	⊥ 0.1 A	超差 0.1 扣 5 分	10	⊥ 0.1 C	超差 0.1 扣 5 分	10
	// 0.1 A	超差 0.1 扣 5 分	10	外观	毛刺损伤 扣 1～5 分	10

2. 铣削工件 A

(1) 零件图，如图 5-6 所示。

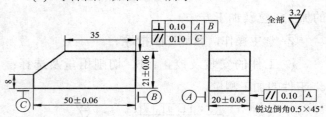

图 5-6　工件 A 的零件图

(2) 工具、设备和材料：铣刀、平口钳、铣床、各种量具、45#钢等。

(3) 训练方法。

① 讲解示范。

a. 铣床型号；b. 铣床的基本操作方法；c. 工件的加工工艺及加工方法。

② 学生操作，教师巡回指导。

a. 工件的安装及校正；b. 切削用量及选择；c. 工件的加工测量。

(4) 考核标准：百分制，学生制作工件占 60%，综合素质占 30%，实训报告占 10%。如表 5-2 所示。

(5) 加工步骤：

根据图 5-6 我们制定了如下的工艺步骤。

① 看清图样要求。加工零件时，必须看懂零件图，了解图纸上加工的有关尺寸及精度要求，各加工表面的形状、位置和精度要求。各加工表面的表面粗

糙度以及其他技术要求。

表 5-2　考 核 标 准

工件考核项目	评分内容	评分标准	配分	评分内容	评分标准	配分
主要项目	50±0.06	超差 0.01 扣 1 分	20	21±0.06	超差 0.01 扣 1 分	20
	20±0.06	超差 0.01 扣 1 分	20			
一般项目	35	超差 0.5 不得分	10	8	超差 0.5 不得分	10
	⊥ 0.10 A B	超差 0.1 扣 1 分	4	// 0.10 C	超差 0.1 扣 1 分	3
	// 0.10 A	超差 0.1 扣 1 分	3	外观	毛刺、损伤 扣 1-5 分	10
文明生产	按企业自定有关规定	每违反一项规定从总分中扣除 2 分				

② 检查毛坯。毛坯是加工零件的基础。必须对照零件图检查毛坯尺寸、形状，以确定装夹的方法。

③ 工件装夹。将平口钳和导轮擦净，夹持毛坯外圆。将其放入平口钳内，在毛坯下面放置高度合适的平行垫铁，使工件高出钳口适当的高度。夹紧工件后，用锤子轻轻敲击工件，并拉动垫铁以检查毛坯是否贴紧垫铁。

④ 确定铣削用量。在立式铣床上用镶齿端铣刀来铣削此工件，根据加工材料，初学者切削用量选用

主轴转速为 475 r/min；进给量为 110 mm/min。

⑤ 对刀。移动工作台使工件位于铣刀下面开始对刀。对刀时，先启动主轴，再顺时针摇动升降台进给手柄，使工件慢慢上升。当铣刀微触工件后，在升降刻度盘上作记号，然后降下工作台，再纵向退出工件。按毛坯件实际尺寸，调整每次的铣削层深度。

⑥ 铣削各个表面。先加工第 1 面，初学者可选择 1～2 mm 的吃刀量进行多次铣削，在铣削过程中，要经常测量工件尺寸，直到尺寸达到 26.5 mm，然后取下工件。

以铣出的第 1 面作基准面，将其靠向固定钳口，校正后夹紧用同样的切削用量来加工第 2 面。在加工过程中要经常测量，直到尺寸为 26 mm。

取出工件，用锉刀将飞边、毛刺锉平，以免影响定位精度。然后擦净钳口，换上合适垫铁。将第 2 面作为基准面，使其靠向固定钳口，夹紧后铣削第 3 面，直到尺寸为 21 ± 0.06 mm。

取出工件，去毛刺。

装夹工件，铣削第 4 面，保证尺寸为 20 ± 0.06 mm。

取出工件，去毛刺。

在加工第 5 面装夹时，为保证已加工的四个面与第 5 面垂直，要用直角尺进行垂直校正，校正后夹紧铣去 2 mm。

取出工件，倒角。用直角尺测量垂直度。

掉头铣第 6 面，夹紧前用直角尺校对，然后夹紧，轻轻敲击零件上方，使其吻合垫铁，尺寸达到 50 ± 0.06 mm 为止。

取出工件，去毛刺，划斜面线。

铣削斜面。按划线找正工件，可用划线盘和平行垫铁按所划线找正，使线与工作台面和钳口平行即可。

测量，目测到线即可。

最后取下工件，用锉刀去毛刺，锐边倒角 $0.3 \times 45°$。

任务六　常用量具介绍

在铣削加工中我们要经常检测工件是否达到图纸要求，所使用的这些检测工具称为量具。机械加工中所用的量具种类很多，本节仅介绍几种常用的量具。

6.1 游标卡尺

游标卡尺是一种比较精密的量具，可以直接测量工件的内径、外径、宽度和深度等，如图 6-1 所示。按照读数的准确程度，游标卡尺可分为 1/10、1/20 和 1/50 三种。它们的读数准确程度分别是 0.1 mm、0.05 mm 和 0.02 mm。游标卡尺的测量范围有 0～125 mm，0～200 mm 和 0～300 mm 等数种规格。图 6-1 是以 1/50 的游标卡尺为例，来说明它的刻线原理和读数方法。

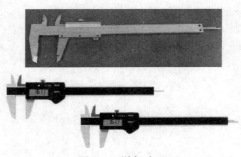

图 6-1　游标卡尺

1．刻线原理

如图 6-2 所示，当主尺和副尺(游标)的卡脚贴合时，在主、副尺上刻一上下对准的零线，主尺按每小格为 1 mm 刻线，在副尺与主尺相对应的 49 mm 长度上等分 50 小格，则

副尺每小格长度 = 49 mm/50 格 = 0.98 mm/格

主、副尺每小格之差如下，

$$1 \text{ mm} - 0.98 \text{ mm} = 0.02 \text{ mm}$$

其中 0.02 mm 就是该游标卡尺的读数精度。

2．读数方法

如图 6-2 所示，游标卡尺的读数方法可分为三步：

(1) 根据副尺零线左边的主尺上的最近刻度读出整数；

(2) 副尺零线以右与主尺某一刻线对准的刻度线乘以 0.02 读出小数；

(3) 将以上整数和小数两部分尺寸相加即为总尺寸。如图 6-2(b)中的读数为 23 mm + 12 × 0.02 mm = 23.24 mm。

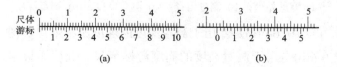

图 6-2　1/50 游标卡尺的刻线原理和读数方法

3. 使用方法

游标卡尺的使用方法如图6-3所示。其中，图6-3(a)为测量工件外径的方法；图 6-3(b)为测量工件内径的方法；图6-3(c)为测量工件宽度的方法；图6-3(d)为测量工件深度的方法。用游标卡尺测量工件时，应使卡脚逐渐与工件表面靠近，最后达到轻微接触。还要注意游标卡尺必须放正，切忌歪斜，以免测量不准。

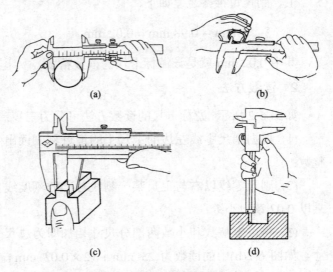

(a)　　　　　　　　　　　(b)

(c)　　　　　　　　　　　(d)

图 6-3　游标卡尺的测量方法

(a) 测量外径；(b) 测量内径；(c) 测量宽度；(d) 测量深度

图 6-4(a)是专用于测量深度的深度游标卡尺，图6-4(b)是用于测量高度的高度游标卡尺。高度游标卡尺除用于测量工件的高度以外还用于钳工精密划线。

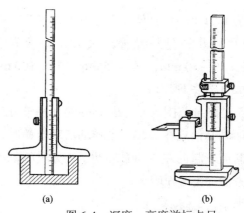

(a)   (b)

图 6-4　深度、高度游标卡尺

(a) 深度游标卡尺；(b) 高度游标卡尺

4．注意事项

使用游标卡尺时应注意如下事项：

(1) 使用前，先擦净卡脚，再合拢两卡脚使之贴合。检查主、副尺的零线是否对齐，若未对齐，应在测量后根据原始误差修正读数。

(2) 测量时，卡脚不得用力紧压工件。以免卡脚变形或磨损，降低测量的准确度。

(3) 游标卡尺仅用于测量加工过的光滑表面。表面粗糙的工件和正在运动的工件都不宜用它测量，以免卡脚过快磨损。

6.2　千　分　尺

千分尺是比游标卡尺更为精确的测量工具，其测量准确度为 0.01 mm。有外径千分尺、内径千分尺和深度千分尺等几种。外径千分尺按其测量范围有 0～25 mm，25～50 mm，50～75 mm，75～100 mm，100～125 mm 等多种规格。

图 6-5 是测量范围为 0～25 mm 的外径千分尺，其螺杆与活动套筒连在一起。当转动活动套筒时，螺杆与活动套筒一起向左或向右移动。千分尺的刻线原理和读数方法如图 6-6 所示。

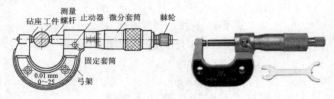

图 6-5　外径千分尺

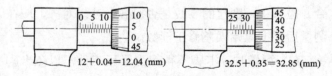

图 6-6　千分尺的刻线原理及读数方法

1. 刻线原理

千分尺上的固定套筒和活动套筒相当于游标卡尺的主尺和副尺。固定套筒在轴线方向上刻有一条中线，中线的上、下方各刻一排刻线，刻线每小格为 1 mm，上、下两排刻线相互错开 0.5 mm，在活动套筒左端圆周上有 50 等分的刻度线。因测量螺杆的螺距为 0.5 mm，即螺杆每转一周，轴向移动 0.5 mm，故活动套筒上每一小格的读数值为 0.5 mm/50 = 0.01 mm。当千分尺的螺杆左端与砧座表面接触时，活动套筒左端的边线与轴向刻度线的零线重合，同时圆周上的零线应与中线对准。

2．读数方法

千分尺的读数方法可分为三步：

(1) 读出距边线最近的轴向刻度数(应为 0.5 mm 的整数倍)；

(2) 读出与轴向刻度中线重合的圆周刻度数；

(3) 将以上两部分读数加起来即为总尺寸。

3．使用方法

千分尺的使用方法如图 6-7 所示。其中，图 6-7(a) 是测量小零件外径的方法，图 6-7(b) 是在机床上测量工件的方法。

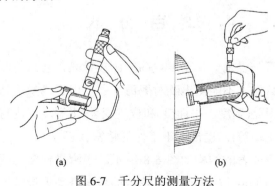

(a)   (b)

图 6-7　千分尺的测量方法

4. 注意事项

使用千分尺应注意以下事项:

(1) 使用前应先校对零点。先擦干净砧座与螺杆,接触并察看圆周刻度零线是否与中线零点对齐。若有误差,应记住此数值,在测量后根据原始误差修正读数。

(2) 当测量螺杆快要接触工件时,必须旋拧端部棘轮(此时严禁使用活动套筒,以防用力过度测量不准)。当棘轮发出"嘎嘎"打滑声时,表示压力合适,停止拧动。

(3) 被测工件表面应擦干净,并准确地放在千分尺两测量面之间,不得偏斜。

(4) 测量时不能预先调好尺寸,锁紧螺杆,再用力卡过工件。否则将导致螺杆弯曲或测量面磨损,从而降低测量准确度。

(5) 读数时要注意,提防少读 0.5 mm。

6.3 百 分 表

百分表是一种精度较高的比较量具,它只能测出相对数值,不能测出绝对数值。主要用于测量工件的形状误差(圆度、平面度)和位置误差(平行度、垂直度和圆跳动等),也常用于工件的精密找正。

百分表的结构如图 6-8 所示。当测量杆向上或向下移动 1 mm 时,通过齿轮传动系统带动大指针转一圈，小指针转一格。刻度盘在圆周上有 100 个等分格，每格的读数值为 1 mm/100 = 0.01 mm，小指针每格读数为 1 mm。测量时，大、小指针所示读数之和即为尺寸变化量。小指针处的刻度范围为百分表的测量范围。刻度盘可以转动，供测量时大指针校零用。百分表使用时常装在专用的百分表架上，如图 6-9 所示。

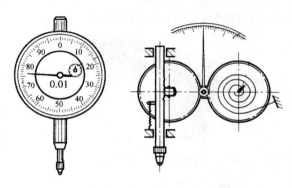

图 6-8　百分表的结构原理

图 6-9　百分表座

6.4 90° 角 尺

直角尺如图 6-10 所示，其两边成准确的 90°，用来检查工件的垂直度。当直角尺的一边与工件的一面贴紧时，若工件的另一面与直角尺的另一边之间露出缝隙，则说明工件的这两个面不垂直，用塞尺，即可量出垂直度的误差值，如图 6-11 所示。

图 6-10 90° 直角尺

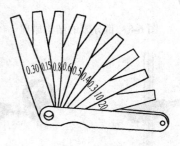

图 6-11 塞尺

6.5 塞　尺

塞尺又称厚薄规，如图 6-11 所示。它由一组薄钢片组成，其厚度为 0.03～0.3 mm。测量时用厚薄尺直接塞入间隙，当一片或数片能塞进两贴合面之间，则一片或数片的厚度(可由每片上的标记读出)，即为两贴合面之间的间隙值。

使用厚薄尺必须先擦净尺面和工件，测量时不能用力硬塞，以免尺片皱曲和折断。

6.6 量具的保养

量具必须精心保养。量具保养的好坏，直接影响它的使用寿命和工件的测量精度。因此，使用量具时必须做到以下几点：

(1) 量具在使用前、后必须擦拭干净。要妥善保管，不能乱扔、乱放。

(2) 不能用精密量具去测量毛坯或运动着的工件。

(3) 测量时不能用力过猛、过大，也不能测量温度过高的工件。

6.7 量具使用专训

(1) 用游标卡尺测量几个尺寸。

(2) 用千分尺测量一张纸的厚度。

任务七　铣削加工实例

7.1　哑铃铣削加工

哑铃加工的最后一步需要用铣削加工的方法完成，如图 7-1 所示。下面介绍在立式铣床上用端铣刀铣削哑铃头外形上的六个平面。

图 7-1　哑铃制作

1. 任务描述

图 7-2 为要铣削加工的零件图。下面通过按画线找正铣削加工。

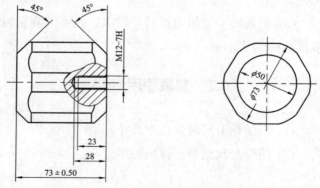

图 7-2　哑铃零件图

2．工艺步骤

(1) 铣刀和切削用量的选用。

选用硬质合金端面铣刀，调整铣床主轴转速为 475 r/min，进给量为 90 mm/min。

(2) 划线。

为保证哑铃头在铣削加工组合后所铣平面能在一条线上，首先把哑铃组合拧紧，然后用 V 型铁紧固哑铃柄，在平板上用高度尺把哑铃头的两端面各划上一条中心线。取下哑铃体，分别在分度头上夹持工件，然后用高度尺找正中心线，以中心线高度向上移动 35 mm 后，划第一条直线。摇动分度头手柄旋转 60°，按以上方法划第二条直线。采用同样方法，划出其他直线。然后取下工件。

(3) 安装工件。

用平口钳夹持工件两端面，在活动钳口上放置 6 mm 的平行垫铁，使其与工件上划的直线平齐，夹紧工件后取下垫铁。

(4) 对刀。

对刀时，先启动主轴，再顺时针摇动升降台进给手柄，使工件慢慢上升，当铣刀微触工件后，在升降台刻度盘上做记号，然后逆时针摇动升降台进给手柄，降下工作台，再纵向退出工件。

(5) 铣削一、二、三面。

调整铣削层深度后，开动机床，纵向自动进给铣出第一个面后，用游标卡尺测量工件尺寸达到 72.5 mm。

重复以上步骤，铣第二、三个面，使其尺寸达到 72.5 mm。

(6) 铣削四、五、六面。铣第四个面，选用适当垫铁，以铣出的第一个面作为基准面，靠向垫铁。夹紧后用木锤敲击工件上方，使其吻合垫铁。重新对刀后，调整铣削层深度，铣对应的第四面至尺寸 70 mm。

用同样的方法，铣削第五和第六面，保证尺寸达到 70 mm。

(7) 取下工件，用锉刀去毛刺。

7.2 铣削直角槽

1. 任务描述

铣削如图 7-3 所示的零件，毛坯材料为 45# 钢，毛坯尺寸为 45 mm × 50 mm × 55 mm，每人 1 件。

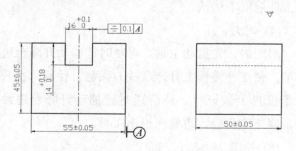

图 7-3 直角槽工件零件图

2．工艺步骤

(1) 找正铣床主轴轴线与工作台平面垂直。

(2) 找正机用平口钳的固定钳口与铣床工作台纵向进给方向平行。

(3) 在工件上划出沟槽的尺寸位置线。

(4) 安装并找正工件。

(5) 选择并安装铣刀(选择 $\phi16$ mm 的立铣刀)。

(6) 对刀后锁紧横向进给机构。

(7) 分数次铣出沟槽。

(8) 测量后卸下工件。

(9) 检验。

3．评分标准

对加工完成的零件进行测量，项目的评分表如表 7-1 所示。

表 7-1　直角槽工件铣削加工评分表

序号	考核内容	考核标准	配分	得分
1	$16^{+0.10}_{0}$	超差 0.01 扣 1 分	20	
2	$18^{+0.18}_{0}$	超差 0.01 扣 1 分	20	
3	对称度为 0.1	超差 0.01 扣 1 分	20	
4	R_a 为 6.3 μm	超差不得分	10	
5	倒角	不做不得分	5	
6	工量刀具位置合理、放置整齐	符合要求得分	5	
7	安全文明生产	违章一项扣 5 分	10	
8	规范操作	违章一项扣 5 分	10	

7.3 铣削燕尾槽

1. 任务描述

铣削如图 7-4 所示的零件，毛坯材料为 45#钢，毛坯尺寸：55 mm × 60 mm × 75 mm，每人 1 件。

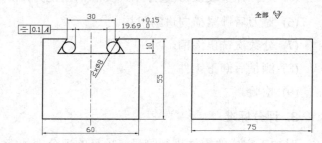

图 7-4 燕尾槽工件零件图

2. 工艺步骤

1）铣直角槽

在 X6032 立式铣床上用 Φ18 立铣刀铣出 30 mm × 10 mm 直角槽，深度为 9.8 mm，留 0.2 mm 精铣余量。

2）铣燕尾槽

（1）选择铣刀：根据槽形尺寸选用外径 d = 25 mm，角度 θ = 60° 的直柄燕尾槽铣刀。

（2）安装铣刀：用铣夹头或快换铣夹头装夹。为使铣刀有较好的刚度，刀柄不应伸出太长。

（3）选择铣削用量：由于燕尾槽铣刀的刀齿较密，

刀尖强度较弱，颈部又较细，刀具刚度较差，因此铣削用量都取较小值，同时铣削速度也不宜太低。调整主轴转速 n =235 r/min，进给速度 v_f =23.5 mm/min。

(4) 工件的装夹与找正：先在工件上画出槽形线。将机用平口钳安装在工作台上，找正固定钳口与纵向工作台进给方向平行后压紧。再用机用平口钳装夹工件，找正工件上平面与工作台面平行。

(5) 铣削燕尾槽：

① 对刀。起动机床，目测使燕尾槽铣刀与直角槽中心大致对准，上升垂向工作台，使工件槽底与铣刀端面齿相接触，垂向升高 0.2 mm，然后缓慢摇动纵向工作台，使直角槽侧刚好切着，停机，退出工件，测量槽深应为 10 mm。

② 铣削。对刀后，横向工作台移动距离经计算得知 S = 5.773 mm。先铣燕尾槽的一侧，如图 7-5(a) 所示，横向工作台移动量 S 为 5.773 mm，因为铣刀强度较差，不能一次铣去全部余量，所以分 4 次调整横向工作台，粗铣分别为 2 mm、1.5 mm、1.5 mm。然后缓慢移动纵向工作台，待铣刀切入工件后，起动纵向机动进给。铣削结束后，放入 $\phi 8$ mm 标准圆棒，测量工件侧面至圆棒间的距离，如图 7-5(b)所示。根据测得数据，调整横向工作台后进行精铣。应该注意，铣燕尾槽时要采用逆铣，以免折断铣刀。铣燕尾槽的另一侧，如图 7-5(c)所示。移动横向工作台，使铣刀

尖角与另一侧直角槽相接触后，退出工件，然后调整横向工作台，移动量分粗、精铣完成。

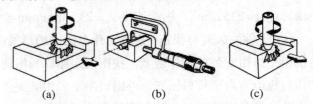

(a) 铣削槽的一侧　(b) 测量　(c) 铣削槽的另一侧

图 7-5　铣削燕尾槽的步骤

③ 去毛刺和倒角。测量后卸下工件，用锉刀去毛刺倒角。

3. 评分标准

对加工完成的零件进行测量，项目的评分表如表 7-2 所示。

表 7-2　燕尾槽工件铣削加工评分表

序号	考核内容	考核标准	配分	得分
1	30	超差 0.01 扣 1 分	20	
2	10	超差 0.01 扣 1 分	15	
3	$19.69^{+0.15}_{0}$	超差 0.01 扣 1 分	15	
4	60°	超差 0.01 扣 1 分	5	
5	R_a6.3 μm(3 处)	超差不得分	15	
6	倒角	不做不得分	5	
7	工量刀具位置合理、放置整齐	符合要求得分	5	
8	安全文明生产	违章一项扣 5 分	10	
9	规范操作	违章一项扣 5 分	10	

7.4 铣削 T 型槽

1. 任务描述

铣削如图 7-6 所示的零件，毛坯材料为 45# 钢，毛坯尺寸：16 mm × 55 mm × 100 mm，每人 1 件。

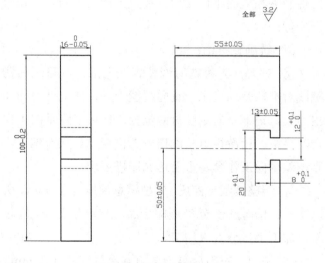

图 7-6　T 型槽工件零件图

2. 工艺步骤

（1）划线：在划线平台上用高度尺划出 T 型槽的外形线；

（2）选择铣直角槽的铣刀：选用 ϕ 12 mm 立铣刀或键槽铣刀；

(3) 安装铣刀：直柄立铣刀或键槽铣刀用快换铣夹头或铣夹头安装。

(4) 铣削用量的选择：调整主轴转速 $n = 475$ r/min，进给速度 $v_f = 60$ mm/min。

(5) 工件的装夹及找正：采用机用平口钳装夹，先找正固定钳口与纵向进给方向平行后压紧。然后将工件装夹在机用平口钳内，找正工件上平面与工作台面平行。

(6) 铣削直角槽：

① 对刀。先将铣刀调整到铣削部位，目测与槽宽线对准，开动机床，垂向缓缓上升，使工件表面切出刀痕，记下垂向刻度盘的位置，然后下降垂向工作台，停机，用游标卡尺测出槽的位置。如果有偏差，则调整横向工作台，直至达到图样要求。

② 调整铣削层深度。T 型槽总深度为 13 mm。所以铣直角槽时应铣至 T 型槽全深。因为立铣刀刚度较差，加工余量分 6 次加工。

③ 铣削。对刀后第一至第五次每次切削 2 mm，第六次切掉 1 mm 左右(根据测量结果来具体确定)。铣削时先手动进给，待铣刀切入工件后改为机动进给，并使 6 次进给方向相同。

(7) 选择 T 型槽铣刀：选用 T 型槽基本尺寸为 12 mm 的直柄 T 型槽铣刀，铣刀直径 $d = 20$ mm，宽度 $L = 8$ mm。

(8) 安装铣刀：与直柄立铣刀安装方法相同。

(9) 选择铣削用量：由于 T 型槽铣刀强度较低，排屑又困难，故选择较低的铣削用量，调整主轴转速 $n = 375$ r/min，进给速度 $v_f = 60$ mm/min。

(10) 工件已在立式铣床上加工完毕，所以不需要再装夹及找正。

(11) 铣 T 型底槽：

① 对刀。直角槽铣削后，因横向工作台未移动，换装 T 型槽铣刀后，不必重新对刀。

② 调整铣削层深度。

贴纸试切：工件表面贴一张薄纸，垂向工作台缓缓上升，待铣刀擦去薄纸时，工件退离铣刀，再将工作台上升 13 mm(视情况考虑薄纸厚度)。

擦刀试切：铣直角槽时，已将深度铣到 13 mm，只需将 T 型槽铣刀擦出的刀痕与直角槽底接平即可。

③ 铣削 T 型底槽。先手动进给，待底槽铣出一小部分时，测量槽深，如符合要求可继续手动进给，当铣刀大部分进入工件后改用机动进给。铣削时要求及时清除切屑，以免铣刀折断。

(12) 测量后卸下工件，用锉刀去毛刺倒角。

3. 评分标准

对加工完成的零件进行测量，项目的评分表如表 7-3 所示。

表 7-3　T 型槽工件铣削加工评分表

序号	考核内容	考核标准	配分	得分
1	$12_{0}^{+0.10}$	超差 0.01 扣 1 分	20	
2	$20_{0}^{+0.10}$	超差 0.01 扣 1 分	20	
3	$8_{0}^{+0.10}$	超差 0.01 扣 1 分	10	
4	13 ± 0.05	超差 0.01 扣 1 分	10	
5	$R_a 3.2\ \mu m$	超差不得分	10	
6	倒角	不做不得分	5	
7	工量刀具位置合理、放置整齐	符合要求得分	5	
8	安全文明生产	违章一项扣 5 分	10	
9	规范操作	违章一项扣 5 分	10	

7.5　铣削轴上键槽

1. 任务描述

铣削如图 7-7 所示的零件，毛坯材料为 $45^{\#}$ 钢，毛坯尺寸：$\phi45\ mm \times 130\ mm$，每人 1 件。

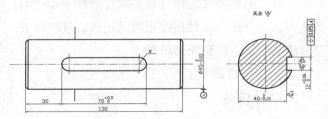

图 7-7　封闭键槽工件的零件图

2. 工艺步骤

(1) 安装平口钳，校正固定钳口与工作台纵向进给方向平行。

(2) 选择并安装铣夹头和键槽铣刀(选择 12 mm 直柄键槽铣刀)。

(3) 调整切削用量：主轴转速为 475 r/min，每次进给时背吃刀量为 0.5 mm，手动进给铣削。

(4) 试铣并检查铣刀尺寸。

(5) 划出键槽长度端线。

(6) 安装并校正工件。

(7) 用杠杆百分表调整对准中心。

(8) 铣封闭槽至图样要求。

(9) 停车、退刀、测量工件，合格后卸下工件。

3. 评分标准

对加工完成的零件进行测量，项目的评分表如表 7-4 所示。

表 7-4 轴上键槽铣削加工评分表

序号	考核内容	考核标准	配分	得分
1	$70^{+0.50}_{0}$	超差 0.01 扣 1 分	10	
2	$40^{0}_{-0.15}$	超差 0.01 扣 1 分	15	
3	$12^{+0.06}_{0}$	超差 0.01 扣 1 分	15	
4	对称度 0.05	超差不得分	10	
5	$R_a 3.2 \ \mu m(2 \ 处)$	超差不得分	10	
6	$R_a 6.3 \ \mu m$	超差不得分	10	

序号	考核内容	考核标准	配分	得分
7	倒角	不做不得分	5	
8	工量刀具位置合理、放置整齐	符合要求得分	5	
9	安全文明生产	违章一项扣5分	10	
10	规范操作	违章一项扣5分	10	

参 考 文 献

[1] 刘冠军，楚天舒. 铣工模块式实训教程. 北京：中国轻工业出版社，2011.

[2] 程鸿思，赵军华. 普通铣削加工操作实训. 北京：机械工业出版社，2008.

[3] 李德富. 金属加工与实训：铣工实训. 北京：机械工业出版社，2010.

[4] 杨雪青. 普通机床零件加工. 北京：北京大学出版社，2010.

[5] 职业技能培训 MES 系列教材编委会. 磨工技能. 北京：航空工业出版社，2008.

图书在版编目（CIP）数据

现代铣工实用实训 / 李志军，韩振武编著.

—西安：西安电子科技大学出版社，2015.2

（现代金属工艺实用实训丛书）

ISBN 978–7–5606–3615–3

Ⅰ. ①现…　Ⅱ. ①李…　②韩…　Ⅲ. ①铣削—高等职业教育

—教材　Ⅳ. TG54

中国版本图书馆 CIP 数据核字（2015）第 020414 号

策　　划　马乐惠

责任编辑　马乐惠　武文娇

出版发行　西安电子科技大学出版社(西安市太白南路 2 号)

电　　话　(029)88242885　88201467　邮　编　710071

网　　址　www.xduph.com

电子邮箱　xdupfxb001@163.com

经　　销　新华书店

印刷单位　陕西天意印务有限责任公司

版　　次　2015 年 2 月第 1 版　　2015 年 2 月第 1 次印刷

开　　本　787 毫米×960 毫米　1/32　印　张　2.5

字　　数　44 千字

印　　数　1～3000 册

定　　价　8.00 元

ISBN　978–7–5606–3615–3/TG

XDUP 3907001–1

如有印装问题可调换

本社图书封面为激光防伪覆膜，谨防盗版。